地热能在食品和农业中的应用
—— 发展中国家的机遇

联合国粮食及农业组织　编著

田佳妮　译

中国农业出版社
联合国粮食及农业组织
2019·北 京

图书在版编目（CIP）数据

地热能在食品和农业中的应用：发展中国家的机遇　／
联合国粮食及农业组织编著；田佳妮译，—北京：中
国农业出版社，2019.11
（FAO中文出版计划项目丛书）
ISBN 978-7-109-25488-6

Ⅰ．①地…　Ⅱ．①联…　②田…　Ⅲ．①地热能－应用－
食品工业－研究②地热能－应用－农业－研究　Ⅳ.
①TS201.2②S126

中国版本图书馆CIP数据核字（2019）第087947号

著作权合同登记号：图字01-2018-4703号

地热能在食品和农业中的应用——发展中国家的机遇
DIRENENG ZAI SHIPIN HE NONGYE ZHONG DE
YINGYONG——FAZHANZHONG GUOJIA DE JIYU

中国农业出版社出版
地址：北京市朝阳区麦子店街18号楼
邮编：100125
责任编辑：陈　瑨
版式设计：杨　婧　责任校对：张楚翘
印刷：北京缤索印刷有限公司
版次：2019年11月第1版
印次：2019年11月北京第1次印刷
发行：新华书店北京发行所
开本：700mm×1000mm　1/16
印张：3.5
字数：70千字
定价：39.00元

粮农组织和中国农业出版社。2019年。《地热能在食品和农业中的应用——发展中国家的机遇》。中国北京。56页。

许可：CC BY-NC-SA 3.0 IGO。

本出版物原版为英文，即 *Uses of geothermal energy in food and agriculture – Opportunities for developing countries*，由联合国粮食及农业组织于2015年出版。此中文翻译由中国常驻联合国粮农机构代表处田佳妮安排并对翻译的准确性及质量负全部责任。如有出入，应以英文原版为准。

ISBN 978-92-5-108656-8（粮农组织）
ISBN 978-7-109-25488-6（中国农业出版社）

联合国粮食及农业组织（FAO）
中文出版计划丛书
译审委员会

主　任　童玉娥

副主任　罗　鸣　蔺惠芳　苑　荣　赵立军
　　　　　刘爱芳　孟宪学　聂凤英

编　委　徐　晖　安　全　王　川　王　晶
　　　　　傅永东　李巧巧　张夕珺　宋　莉
　　　　　郑　君　熊　露

本书译审名单

翻　译　田佳妮

审　校　隋　梅

序

　　地球正面临养活100亿人口的挑战。冰岛和世界其他一些地区率先利用我们星球上储存的热量加强粮食安全的实践，值得各国借鉴。

　　如何成功地存储已经生产的食物，以及如何在不破坏环境的前提下提高产量，是人类面临的两大难题。

　　本报告基于现有技术和颇有成效的商业实践探讨了两大难题的解决方案，具有突破性意义。

　　冰岛40年来利用地热或其他清洁能源进行食品干燥的经验，可使因缺乏合适的储存设施而变质或直接被扔掉的食品产生商业价值，惠及世界各地人民。若食品干燥技术在全球范围内广泛应用，可使食品的可供性增长20%。这一潜力，目前其他方法无出其右。

　　冰岛温室农业和地热水产养殖业的发展也表明，可持续能源可以大幅增加粮食产量，为农民和渔民提供谋生的新途径。

　　通过本报告，粮农组织大大加强了全球国际机构和国家领导人对全面探索地球丰富的地热资源的合作和决心，使之能够在未来几十年为改善世界各地粮食安全做出重大贡献。

Ólafur Ragnar Grímsson
President of Iceland

奥拉维尔·拉格纳·格里姆松

冰岛前总统

前　言

获得可靠的能源供给是农产品业发展的先决条件之一，也是决定其竞争力的关键因素。人们在日益关注气候变化和减少使用化石燃料的同时对使用可再生能源的兴趣越来越高。在这方面，对拥有地热资源的国家来说利用地热能不失为一种选择。

传统上，地热能主要用于发电。如今在食品和农业等领域，也有成功应用的例子。冰岛总统奥拉维尔·拉格纳·格里姆松（Ólafur Ragnar Grímsson）在2011年3月访问位于意大利罗马的粮农组织总部时，强调了地热能在农产品领域的潜在用途，分享了该国将地热能用于农业和食品加工方面的经验及成效。大家认为，粮农组织可以借鉴冰岛的独特经验帮助其他具有地热资源的国家特别是发展中国家促进粮食安全和经济发展。

作为此次访问的后续行动，粮农组织于2011年10月对冰岛进行了访问，以获得地热能在农产品领域利用方面的第一手资料，并探讨如何将这一技术推广到发展中国家。这支由农业加工和农业经济专家组成的代表团访问了冰岛的公共部门、研究机构、大学、参与地热资源开发和利用的私营咨询公司及利用这种能源进行非发电应用的私营企业。这次访问的任务不仅针对发电和利用的技术设备，而且还对在农产品领域成功开发地热能所需的体制、政策和监管框架进行了调研。

作为此次访问及其后续评估和磋商的结果，粮农组织坚信，许多发展中国家在利用地热能方面有很大潜力，进而促进其食品和农业部门的发展。这些国家主要位于中美洲、南美洲太平洋沿岸、东非大裂谷和东南亚诸岛。所有人都可以从利用地热能中获益，通过增加作物和渔业生产、改善食品保存和储存条件、减少食品链上的损失和浪费，实现可持续的粮食安全和营养保障。

本出版物由粮农组织委托撰写，旨在提高认识和传播信息，倡导推动地热能在食品和农业中的应用。该报告就开发地热能用于涉农食品产业发展中所需考虑的方法、经验教训、约束和影响因素提供指导，特别关注了技术、政策和经济因素。

希望该出版物对有志促进可再生能源在农产品领域利用的公共和私营部门、发展机构和金融机构的专业人士有所帮助。

José Graziano da Silva
Director-General, FAO
何塞·格拉齐亚诺·达席尔瓦
粮农组织总干事

致　谢

　　该出版物由Matís有限公司食品与生物技术研发团队编写，由粮农组织农村基础设施和涉农产业司高级农业经济学家Carlos A. da Silva和该司副司长Divine Njie提炼、编辑并审校。

　　特别感谢合作完成这个项目的冰岛政府代表。承蒙冰岛前总统奥拉维尔·拉格纳·格里姆松对地热能源及其作为经济和社会发展的潜在动力进行分享，是总统阁下的深刻见解引起了我们对利用地热能资源的关注，在此深表谢意。我们还要感谢冰岛前全权公使/前驻罗马三机构（粮农组织、世界粮食计划署、国际农业发展基金会）常驻代表Guðni Bragason先生，他参与了该项目，并帮助我们接触到该领域内冰岛的许多机构和专业人士。

　　粮农组织农业和消费者保护部前助理总干事Modibo Traoré先生对格里姆松总统访问的后续行动给予了坚定的支持，农村基础设施和涉农产业司前任司长Gavin Wall和现任司长Eugenia Serova对该项目积极配合，我们不胜感激。

　　最后，我们对粮农组织负责同行评审的DaniloMe jía-Lorio、Joseph Mpagalile、Yvette Diei和

Olivier Dubois，负责协调的 Larissa D'Aquilio，负责审稿的 Jim Collis 和 Jane Shaw，负责设计的 Monica Umena 及校对的 Lynette Chalk 表示衷心的感谢。

编辑部

目　　录

第1章 绪 论

地球上无法充分享受现代能源服务便利（Fridleifsson，2001）的人口多达20亿，占世界人口总数的1/3。1990年至2050年间，主要能源消费预计至少增长50%，最高可能达到275%（世界能源理事会，2002）。因此，从风、雨、阳光、潮汐、海浪、地热水和蒸汽等天然可再生资源中产生的能源将变得越来越重要（Fatona，2011）。获得清洁、廉价的能源被视为提高世界贫困人口生活水平的关键（Fridleifsson，2001）。预计到2100年，可再生能源将占能源消费总量的30%～80%（Fridleifsson，2001，2013）。

地热能是最重要的发电能源之一，也可直接用于供热、食品、农业、水产养殖和一些工业生产过程（Dickson和Fanelli，2004）。地热作为一种能源，有的储存在地球内部温度非常高的岩浆或熔岩中，有的储存在地下几公里处的热水和岩石中，也有的储存在浅层地面（Barbier，2002）。

据记载，最早利用地热能可以追溯到前陶器时代。公元前11 000年前，在日本人们使用温泉沐浴和洗衣服（Sekioka，1999）。还有10 000多年前在北美使用地热能的考古学证据（Solcomhouse，无日期），地热能在中国的使用也已有2 000多年的历史（Fridleifsson，2001）。地热能的工业应用始于18世纪后期，当时在意大利托斯卡纳的拉尔代雷洛镇（Larderello）附近，人们使用地下蒸汽从火山泥中提取硼酸。一个多世纪后的1904年，世界上第一台地热发电机由意大利科学家Piero Ginori Conti在拉尔代雷洛镇完成了测试，利用地热蒸汽发电 [节能未来（Conserve Energy Future），无日期]。从那时起，地热能在空间供暖和制冷、工业、园艺、鱼类养殖、食品加工和健康温泉等领域逐步得到了广泛的应用（Fridleifsson，2001）。

在大多数发展中国家，农业和涉农产业部门仍是主要经济部门，也是75%的贫困人口的主要生计来源（粮农组织，2009）。然而，这些国家的人们面临着饥荒和贫困，主要原因是粮食采后损失及水产养殖和食品加工缺乏廉价的能源。发展中国家和欠发达国家粮食收获后的损失（按重量和质量衡量）估计为1%至50%（美国国家科学院，1978；Hodges，Buzby和Bennett，2011）。粮农组织最近的一项研究（粮农组织，2011）计算出，农业和食品部门在能源消费总量中所占的比例为30%，其中超过70%是农场外消费。该部门温室气体排放约占总量的22%，其中包括填埋食品垃圾产生的气体。食品链中的能源消耗总量约38%是全球年度粮食损失造成的（粮农组织，2011）。因此，未能满足持续供应廉价能源需求，是制约发展中国家农业和涉农产业部门发展的主要因素。

本出版物总结了世界各地农业和涉农产业部门地热能利用的现状，力求为发展中国家利用地热能发展农业和涉农产业提供指导。本书结构简洁，配以插图、图表和模型，便于参考，旨在帮助非专业读者增加对地热能及其未来应用的理解。

第2章 地热能：概述

2.1 基本概念

什么是地热能?

地热能是一种可持续、可再生的清洁资源，利用地球的热量提供能源。地球内的放射性元素会在非常高的温度下释放热量，离地表越远，热量越高。据估计，地核温度约为5 000℃，外核温度约为4 000℃——与太阳表面的温度相近（图1）。地球内部的热能不断流动，大约相当于4 200万兆瓦的功率，预计将持续数十亿年（Íslandsbanki，2011）。

地热能的分布

地热活动集中在太平洋和太平洋板块附近，在印度尼西亚、菲律宾群岛和日本到阿拉斯加、中美洲、墨西哥、安第斯山脉和新西兰形成的"环太平洋火圈"中。地热能通常处于地下深处，但有时，特别是在沿主要板块边界的高温地热区，以温泉、间歇泉或火山爆发、喷气孔（当火山气体释放时产生的

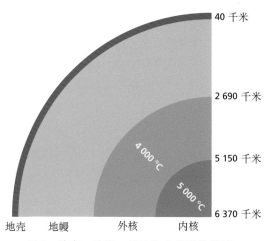

图1 地壳、地幔、外核和内核层的温度

来源：P.G. Pálsson，2013。

3

孔）的形式到达地表（Serpen，Aksoy和Ongur，2010；Fridleifsson等，2008）。

　　地热能的一个重要开采源是储集层。地下水沿断层线、岩石裂缝和多孔岩石形成地下储集，地核喷射出的岩浆将其加热（图2）。通常情况下，地质学家们必须钻深井才能找到这些热液资源（Serpen，Aksoy和Ongur，2010）。

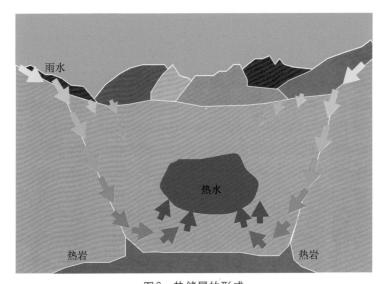

图2　热储层的形成

来源：P.G. Pálsson, 2013。

2.2　世界各地使用情况

　　在世界各地，自然产生的蒸汽和热水用于发电、为家庭和其他用途提供暖气和热水，以及干燥和浓缩等工业加工领域（Burgess，1989；Ghomshei，2010；Gunerhan，Kocar和Hepbasli，2001；Lund，2010）。占比最大的直接应用是地源热泵，可利用地热能为建筑物供暖和制冷；其次是家庭热水、游泳池和空间供暖（Lund，Freeston和Boyd，2010）。冰岛的大部分电力和供热需求都通过其丰富的地热能源得以保障。其他一些从地热源获得的电力超过10%的国家包括哥斯达黎加、萨尔瓦多、肯尼亚、新西兰和菲律宾。

　　目前，有24个国家使用地热发电，另有11个国家正在开发和测试地热系统，包括澳大利亚、法国、德国、日本、瑞士、英国（英国地质调查局，无日期）。据估计，全球地热总装机容量约为1.07万兆瓦，发电量为6.7万吉瓦时，其中，美国约占总装机容量的30%，达到3 100兆瓦，其次是菲律宾、印度尼西亚和墨西哥（表1）（Islandsbanki，2011）。

表1 1990—2010年地热能发电量前十位的国家（含2015年预测量）

年份	装机容量（兆瓦）									
	萨尔瓦多	冰岛	印度尼西亚	意大利	日本	肯尼亚	墨西哥	新西兰	菲律宾	美国
1990	95	45	145	545	215	45	700	283	891	2 775
1995	105	50	310	632	414	45	753	286	1 227	2 817
2000	161	170	590	785	547	45	755	437	1 909	2 228
2005	151	202	797	791	535	129	953	435	1 930	2 564
2007	204	421	992	811	535	129	953	472	1 970	2 924
2010	204	575	1 197	863	536	167	958	628	1 904	3 087
2015	290	800	3 500	920	535	530	1 140	1 240	2 500	5 400

来源：Islandsbanki，2011。

　　根据所涉及的化学过程、流体温度和压力，地热发电厂主要分为三类：①凝汽式电厂，采用单级或双级闪蒸系统；②背压式汽轮机电厂，蒸汽释放到大气中；③二元循环地热电站，使用低温水或分离盐水（Mburu，2009）。图3显示了典型的地热发电厂循环过程。

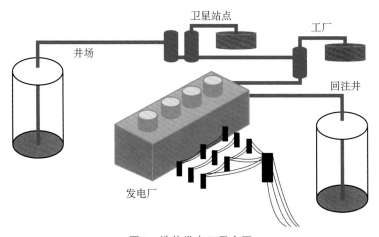

图3 地热发电厂示意图

来源：P.G. Pálsson，2013。

　　直接利用地热能有据可循。数千年来，人们一直在使用温泉烹饪和治疗。目前，低温至中温（20～150℃）地热储集提供了一种相对廉价且无污染可供直接使用的能源（美国国家能源部可再生能源实验室，1998）。

通过1 000～3 000米的深井可到达这些地热水库。目前，全球有73个国家每年直接利用地热能，总量达75.9太瓦时，与此同时，直接利用地热能的国家数量在稳步增加（Mburu，2009）。表2列出了1995年至2010年间直接利用地热能的类别，表3列出了直接利用地热能前十位的国家。

表2　1995—2010年全球直接利用地热能应用分类

使用类别	1995年	2000年	2005年	2010年
容量（兆瓦热量）				
地源热泵	1 853	5 275	15 384	33 134
空间加热	2 579	3 263	4 366	5 394
温室加热	1 085	1 246	1 404	1 544
养殖池塘加热	1 097	605	616	653
农业干燥	67	74	157	125
工业用途	544	474	484	533
沐浴/游泳	1 085	3 957	5 401	6 700
冷却/融雪	115	114	371	368
其他	238	137	86	42
总计	**8 664**	**15 145**	**28 269**	**48 493**
利用率（太焦耳/年）				
地源热泵	14 617	23 275	87 503	200 149
空间加热	38 230	42 926	55 256	63 025
温室加热	15 742	17 864	20 661	23 264
养殖池塘加热	13 493	11 733	10 976	11 521
农业干燥	1 124	1 038	2 013	1 635
工业用途	10 120	10 220	10 868	11 745
沐浴/游泳	15 742	79 546	83 018	109 410
冷却/融雪	1 124	1 063	2 032	2 126
其他	2 249	3 034	1 045	955
总计	**112 441**	**190 699**	**273 372**	**423 830**

来源：Lund，Freeston和Boyd，2011。

表3 直接利用地热能前十位的国家

国　家	年使用量（太焦耳/年）
中国	75 348
美国	56 552
瑞典	45 301
土耳其	36 886
挪威	25 200
冰岛	24 361
日本	15 698
法国	12 926
德国	12 765
荷兰	10 699

来源：Lund，Freeston 和 Boyd，2011。

2.3 地热能利用

林达尔图（Lindal diagram）

图4是经调整的林达尔图，该图总结了地热能在农业和涉农产业部门的潜在用途。低、中温（20～150℃）地热储集做直接使用，主要用于提供采暖和冷却的热泵、空间加热、泳池和温泉、温室、水产养殖和工业过程。高温地热储集（150～300℃）做间接使用，包括蒸汽和传统发电（Islandsbanki，2011）。中温（70～149℃）地热资源也可以用来发电（二元循环发电）。传统或二元发电厂的电力用于工业加工，二元电厂的热水可直接使用（Ogola，Davidsdottir 和 Fridleifsson，2012）。蒸汽和过热水通常用于某些需要高温的涉农产业加工过程，而一些加工过程较低温度就可以满足，特别是在干燥农产品方面（Lund，1996）。

用于农业和涉农产业的地热能来源

农业和涉农产业是地热能应用的重要领域。大体上，农业中直接利用地热能有以下四个方面（Popovski，2009）：

- 温室加热；
- 水产养殖（鱼和藻类）；
- 涉农产业加工过程；
- 土壤加热（露地植物根系统）。

农业和涉农产业利用地热能的来源包括低温和中温地热资源，以及地热发电厂的废热和级联水（泄流）（图5）。

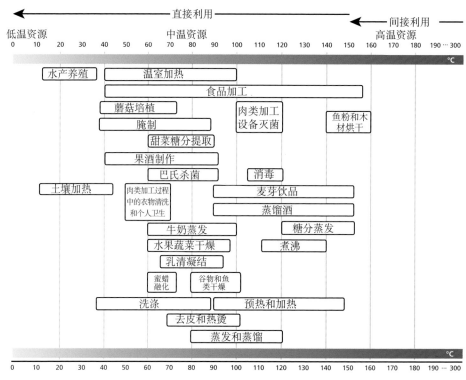

图4 林达尔图：地热能在农业和涉农产业部门的潜在用途

来源：P.G. Pálsson, 2013。

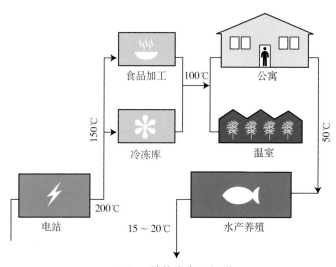

图5 地热发电厂级联

来源：Geo-Heat Center, Klamath Falls, Oregon (USA)。经许可后改编。

2.4　地热能开发

地热能勘探的准备工作分为5个阶段：

（1）初步地表勘探。常用的成本相对较低的勘探方法是地热和地质测绘、地球物理勘探和地球化学勘探，包括对自然流出物质的采样和分析。

（2）初步勘探钻井。如果第一阶段地表勘探取得积极成果，下一步就是通过钻探和测试来证明热储层的存在。尽管这个阶段的成本高于地表勘探，但是可以获得更多关于地热场、地热资源压力、温度和化学成分的信息。通常在这个阶段钻3~6口井。

（3）二次地表勘探——环境影响评估。根据在勘探井的钻探过程中获得的信息，设计一个新的地热储层模型，进一步规划地表勘探方案。在这个阶段，可估算出地热能储集量及其潜在的电力生产能力。

（4）二次勘探钻井。增加钻井数量，进一步收集信息，以便做出财务投资决策。

（5）评估和运营。在运营过程中，需要用从现有井采集的数据重新评估地热资源，对其可持续生产能力进行预估，为未来做更好的规划。

地热能开发的潜在影响

地热能开发的潜在影响取决于诸多因素，如用于钻探的土地数量、施工活动的实施、井场的数量和电厂技术的应用。地热能开发最重要的影响是环境影响，包括：

- 排放不凝气体产生的气态排放物。最常见的气体是二氧化碳、硫化氢，以及其他低浓度气体如甲烷、氢气、二氧化硫和氨。
- 水污染。在勘探、模拟和生产阶段产生的液体流中包含的溶解矿物（如硼、汞和砷）可能会污染地表或地下水，并危害当地植被（Tester等，2006）。因此，在钻井和随后的作业期间，监测工作是非常重要的，要做到对潜在泄漏能够快速检测和治理。
- 噪声污染。噪声的主要来源与勘探活动相关，例如钻井、模拟和测试阶段，作业现场边界处的噪声在80~115分贝，该噪声可随传播距离增加而迅速衰减（Tester等，2006）。

地热能开发还可能对农业资源产生影响，主要表现在搭建电站和输电线路造成的地面障碍。当建筑活动伤害野生动植物或破坏其栖息地、扰乱繁殖和迁徙模式、降低栖息地质量和物种多样性时，也会对生态资源产生影响。

2.5 在发达国家和发展中国家的可用性及应用

农业是地热能应用非常重要的一部分。这种用途的潜力促使希腊、匈牙利、罗马尼亚、土耳其和马其顿（Popovski，2009）等许多东南欧国家对地热能进行直接利用。虽然地热能在发展中国家也具有很大潜力，但这些国家主要用地热能供暖、洗浴和游泳。少数国家在农业和涉农产业部门使用地热能，包括非洲的阿尔及利亚和肯尼亚，中美洲的哥斯达黎加和萨尔瓦多，亚洲的中国、印度和印度尼西亚（表4）。

表4 直接使用地热能的发展中国家

国　家	容量（兆瓦热量）	利用率（太焦耳/年）	应用领域	参考资料
非洲				
阿尔及利亚	66.84	2 098.68	空间加热、养鱼、沐浴和游泳	Fekraoui，2010
埃及	1.0	15.0	沐浴和游泳	lund, Freeston 和 Boyd, 2005
埃塞俄比亚	2.2	41.6	沐浴和游泳	lund, Freeston 和 Boyd, 2011
肯尼亚	16	126.62	水和土壤加热、农产品干燥	Simiyu, 2010
摩洛哥	5.02	79.14	沐浴和游泳	lund, Freeston 和 Boyd, 2011
南非	6.01	114.75	沐浴和游泳	lund, Freeston 和 Boyd, 2011
突尼斯	43.8	364	温室、沐浴和游泳	lund, Freeston 和 Boyd, 2011
拉美和加勒比海地区				
加勒比海岛国	0.103	2.775	沐浴和游泳	Huttrer, 2010
哥斯达黎加	1.0	21.0	农产品干燥	lund, Freeston 和 Boyd, 2005
萨尔瓦多	2.0	40.0	温室和养鱼	Herrera, Montalva 和 Herrera, 2010
洪都拉斯	1.933	45.0	游泳池	lund, Freeston 和 Boyd, 2011
智利	9.11	131.82	沐浴和游泳	lahsen, Muños 和 Parada, 2010
哥伦比亚	14.4	287.0	沐浴和游泳	lund, Freeston 和 Boyd, 2005
厄瓜多尔	5 157	102 401.0	沐浴和游泳	Beate 和 Salgado, 2010
秘鲁	2.4	49.0	温泉	lund, Freeston 和 Boyd, 2005

（续）

国　家	容量 （兆瓦热量）	利用率 （太焦耳/年）	应用领域	参考资料
亚洲				
中国	8 898	75 348.3	空间加热、温室热泵、养鱼、农业干燥	Zheng, Han 和 Zhang, 2010
印度	265	2 545	沐浴和游泳、食品加工	Chandrasekharam 和 Chandrasekhar, 2010
伊朗	41.605	1 064.18	沐浴、热泵	Saffarzedeh, Porkhial 和 Taghaddosi, 2010
菲律宾	1.67	12.65	沐浴和游泳	Ogena 等, 2010
尼泊尔	2.717	73.743	沐浴和游泳	Ranjit, 2010
泰国	2.54	79.1	作物干燥、沐浴和游泳	Lund, Freeston 和 Boyd, 2010
越南	31.2	92.33	烘干、医疗、碘盐生产	Cuong, Giang 和 Thang, 2005; Lund, Freeston 和 Boyd, 2005
亚欧				
土耳其	2 084	36 885.9	热泵、空间加热、温室、沐浴和游泳	Mertoglu 等, 2010

农产品干燥

农产品干燥是避免食物浪费和确保全年特别是干旱时期都有营养食品供应的一个非常重要的方法。温度低于150℃的中低焓地热资源（Muffler 和 Cataldi，1978）因其具有最大潜能而被用于农业干燥（Ogola，2013）。用于干燥的热能可以来自地热井中的热水或蒸汽及地热发电厂的废热回收（Vasquez，Bernardo 和 Cornelio，1992）。在食品加工中使用地热能代替油、电有许多优点（Arason，2003），如使用热水或蒸汽的成本会低很多。马其顿稻米干燥所需的热能是136千瓦时/吨（湿重）（Popovski 等，1992），在希腊番茄干燥需要1 450千瓦时/吨（湿重）（Andritsos，Dalampakis 和 Kolios，2003）。地热能已广泛用于干燥多种农产品，如稻米、小麦、番茄、洋葱、棉花、辣椒和大蒜等。

希腊的番茄和棉花干燥

位于希腊克桑西（Xanthi）尼阿克萨尼（Nea Kessani）的一个小型番茄

干燥厂于2001年开始运营，他们使用14米长的矩形隧道式干燥箱（宽1米、高2米）在59℃的地热水中干燥番茄。将番茄分类，洗去灰尘、污垢和去除茎叶部分后，切成两半，放置在不锈钢托盘里（100厘米²或50厘米²网格）。每批25个托盘干燥45分钟，每个托盘上有7千克生番茄（图6）。干燥后的番茄浸入橄榄油就可以运输和销售了。在运营第一年就生产了4吨高质量番茄干。

1991年和1992年，还是在尼阿克萨尼，人们设计出一种用于棉花预干燥的中试规模地热干燥系统。试验结果表明，棉花可以通过专门设计的烘干塔利用地热水进行干燥（图7）。

©Nikos Andritsos

图6 干燥架上的番茄（希腊）	图7 中试规模棉花烘干机（希腊）

泰国的辣椒和大蒜干燥

辣椒和大蒜在泰国经济中占有重要地位，干椒和鲜椒、干蒜和鲜蒜都是泰国人厨房里不可或缺的食材。

将辣椒和大蒜放进柜式干燥机（宽2.1米、长2.4米、高2.1米）。每台干燥机内有36个托盘，放置在两个隔间内，总容量达450千克辣椒或220千克大蒜（图8）。干燥过程使用地热发电厂回收的废热。大约80℃的地热水循环流过宽100毫米、长500毫米、高300毫米的横流式换热器，使1千克/秒的恒定气流通过10.5米³的干燥室。辣椒所需的气温为70℃，大蒜为50℃。干燥时间和热水流速方面，辣椒分别约为46小时和1千克/秒，大蒜分别约为94小时和0.04千克/秒。辣椒干燥所需蒸发总能量为每千克水13.3兆焦耳，大蒜为每千克水1.5兆焦耳。这类干燥机运行成本较低，使用不受天气影响（Hirunlabh，Thiebrat和Khedari，2004；Thiebrat，1997）。

1.窗口
2.回风道
3.排气口
4.阀
5.进口
6.离心风机
7.风道
8.使用热水的换热器
9.热水龙头
10.隔热墙
11.烤架
12.放置烤架的隔板
13.门

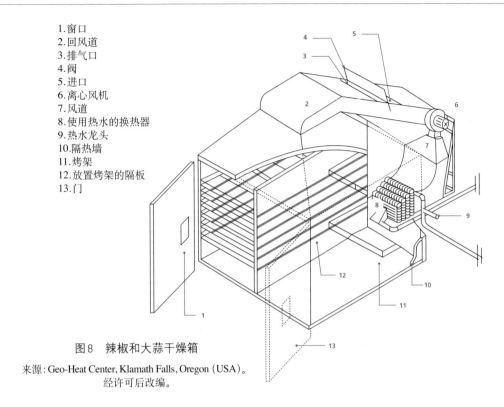

图8 辣椒和大蒜干燥箱

来源：Geo-Heat Center, Klamath Falls, Oregon (USA)。
经许可后改编。

马其顿的稻米干燥

在科特查尼（Kotchany）地热场，地热井的水直接用于加热稻米干燥设备（图9）。干燥机容量为10吨/小时，热值为1 360千瓦。在水气换热器中，温度

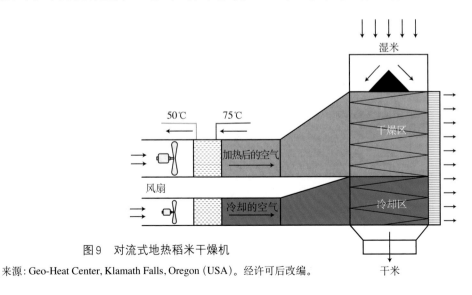

图9 对流式地热稻米干燥机

来源：Geo-Heat Center, Klamath Falls, Oregon (USA)。经许可后改编。

15℃、相对湿度60%的外部空气被加热到约35℃。地热水在入口和出口的温度分别为75℃和50℃。加热后的空气被吹入干燥区域用于干燥稻米，稻米以恒定速度向下移动，在移动中使用重力混合机搅拌均匀。加热后的空气温度保持在40℃以下以防止稻米开裂。稻米的水分含量从20%降至14%后进行空气冷却。与其他热消耗方式适当组合，如温室、工业干燥、供暖等，利用地热能干燥稻米的成本比使用液态燃料更具竞争力（Popovski等，1992）。

肯尼亚的除虫菊（*Pyrethrum*）、烟草和玉米干燥

在奥普鲁（Eburru），当地社区使用冷凝地热蒸汽的传统方法烘干除虫菊、烟草和玉米等农产品（Mangi，2012）。

墨西哥的水果干燥

由Lund和Rangel（1995）设计的地热能水果干燥室，安装在墨西哥洛斯阿祖弗雷斯（Los Azufres）地热场。干燥室长4米、宽1.35米、高2.3米（图10），由水泥墙、木质天花板和屋顶、钢筋混凝土楼板构成。它包含两个容器，每个容器有30个托盘，每个干燥周期的容量为1吨水果。能耗是10千焦耳/秒，地热水流速为0.03千克/秒。干燥室保持在60℃，能在24小时内将水果水分含量从80%降至20%。级联（cascading）可以用来提高效率、降低生产和利用地热资源的成本。

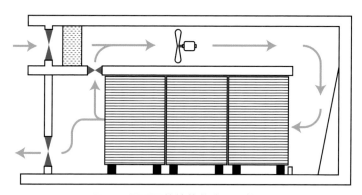

图10 墨西哥的地热能水果干燥室

来源：Geo-Heat Center, Klamath Falls, Oregon (USA)。经许可后改编。

印度尼西亚的豆类和谷物干燥

印度尼西亚是世界上地热资源潜力最大的国家。地热能可用于干燥该

地区种植的咖啡、浆果、茶、糙米、豆类等作物及渔业产品（Abdullah和Gunadnya，2010）。在西爪哇的卡莫章（Kamojang）地热场，有一种特别设计的地热能干燥设备用于干燥豆类和谷物。利用地热井散发出的蒸汽（温度在160℃左右）给空气加热，达到干燥谷物的目的。空气通过地热管束式换热器吹入并被加热，然后被吹入干燥箱，干燥箱由4个托盘组成（图11）。地热换热器的传热速率为1 000瓦，空气流速范围为4～9米/秒，干燥温度为45～60℃，干燥时间取决于原材料的含水量。

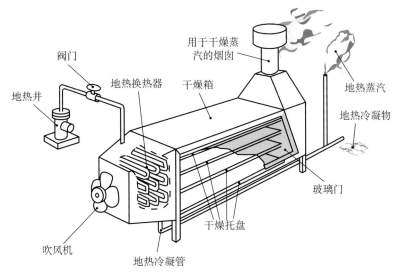

图11　地热能豆类和谷物干燥机

来源：Geo-Heat Center, Klamath Falls, Oregon（USA）。经许可后改编。

发达国家的食品干燥

在美国内华达州西部建有大型的洋葱和大蒜干燥设施，雇有75名工人。连续传送带干燥机宽约3.8米、长60米（图12），可放置湿洋葱3 000～4 300千克/小时。干燥机的干燥能力为每小时生产500～700千克干洋葱，干燥24小时后，洋葱的水分含量从85%降至约4%（Lund，2006）。

众所周知，每年干燥谷物消耗的能量巨大，其实干燥过程中所需的能量可以很容易地由地热能替代（Lienau，1991）。通常用于干燥谷物的深床干燥机（仓式干燥机）（图13）装有一个风扇，将空气吹入地热换热器进行加热，热空气通过穿孔板均匀分配到产品中。通过调节地热水的流量来控制热空气的温度。一些谷物的干燥温度可能接近90℃，但50～60℃的中等温度和40%

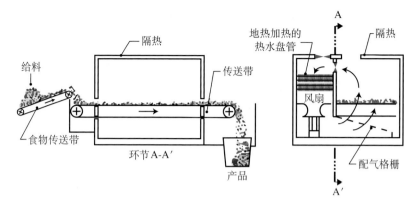

图12　地热能输送式干燥机

来源：Geo-Heat Center, Klamath Falls, Oregon（USA）。经许可后改编。

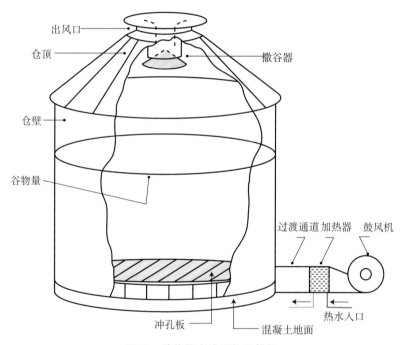

图13　地热能仓式谷物干燥机

来源：Geo-Heat Center, Klamath Falls, Oregon（USA）。经许可后改编。

的相对湿度足以干燥其他农产品。例如，咖啡、浆果的干燥温度为50～60℃，稻米的干燥温度必须保持在40℃以下以防止开裂（Abdullah和Gunadnya，2010）。干谷物的水分含量应在12%～13%的范围内，以防止霉菌生长和谷物腐坏（Lienau，1991）。

　　使用地热能进行大规模工业运营的一个例子是冰岛的海藻和鱼类干燥。在有地热能的地区，室内干燥已经有35年以上的历史。咸鱼、鳕鱼头、鳕鱼骨架、小鱼干和老虎鱼干等都是通过这种方式干燥的产品。冰岛约有20家公司用地热水和蒸汽干燥鱼类。一家使用地热水的公司干燥海藻的年产能为2 000～4 000吨。宠物食品的干燥是一个新兴行业，目前年产量约500吨（Arason，2003；Bjornsson，2006）。鱼类分两步干燥：一是在干燥温度20～26℃的条件下，在隧道式干燥架（图14和图15）或传送式干燥器（图16和

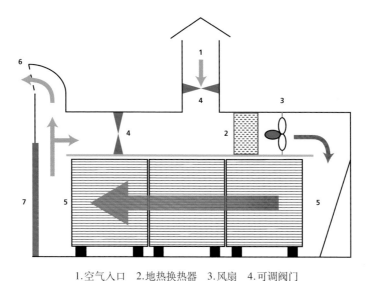

1.空气入口　2.地热换热器　3.风扇　4.可调阀门
5.放置托盘的架子　6.空气出口　7.门

图14　地热能隧道式鱼类干燥架

来源：S. Arason, 2013。

图15　冰岛隧道式鱼类
　　　干燥架

©Larus Karl Ingason

17

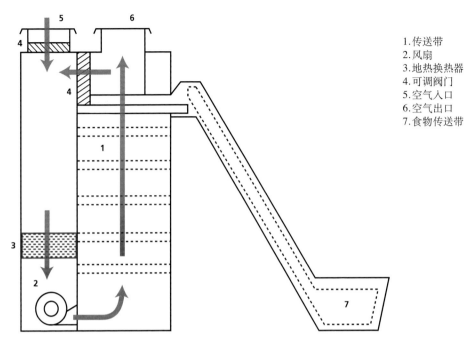

1. 传送带
2. 风扇
3. 地热换热器
4. 可调阀门
5. 空气入口
6. 空气出口
7. 食物传送带

图16　地热能输送式鱼类干燥机

来源: S. Arason, 2013。

图17) 中进行24～40小时的初步干燥, 将含水量从80%降至55%; 二是在干燥温度22～26℃的条件下在容器中进行为期3天的二次干燥, 使含水量下降至约15% (图18) (Arason, 2003)。

图17　地热能输送式干燥机烘制鱼骨干 (冰岛)

图18 鱼在容器中进行二次干燥（冰岛）

温室供暖

Lund、Freeston和Boyd（2010）在报告中提到，以土耳其、匈牙利、俄罗斯、中国和意大利为代表的34个国家使用地热资源来为温室供暖。蔬菜、鲜花和水果是这些温室种植的主要作物。Duffield和Sass（2003）发现，使用地热资源代替传统能源可以节省大约80%的燃料成本，总运营成本降低5%～8%。地热为温室供暖的其他优点包括更好的卫生条件、更清洁的空气和水，以及保持稳定劳动力的能力，且通常可以从税收优惠中受益。

在土耳其，地热为温室供暖最近变得非常普及，特别是种植番茄和加州辣椒的温室。土耳其地热温室的总面积约为210.44公顷，热容量为207.44兆瓦。主要温室地区位于安纳托利亚（Anatolia）西部，并得到迅速发展（Serpen，Aksoy和Ongur，2010）。

在希腊，第一批地热温室于20世纪80年代初在该国北部建成。到2008/2009年冬季，约有13.1公顷玻璃棚顶及5.1公顷塑料（聚乙烯和聚碳酸酯）棚顶的温室实现了利用地热水加热。这些温室种植的主要蔬菜是番茄、甜椒和黄瓜（图19），有时也种植生菜、青豆、草莓和草药（Andritsos，Fytikas和Kolios，2009）。

2007年，中国地热温室供暖总面积为80万米^2，主要在北方。地热温室一年四季均可种植多种优质蔬菜（Keyan，2008）。

在肯尼亚，唯一商用地热温室是位于奈瓦沙（Naivasha）的欧塞瑞恩（Oserian）。欧塞瑞恩开发公司自2003年以来一直利用地热温室种植玫瑰，从3公顷开始发展到50公顷。地热供暖可以降低温室内的湿度，消除真菌感染

图19 塑料温室里聚乙烯加热管用于蔬菜栽培（左）、玻璃温室里的聚丙烯加热管（右）（希腊）

并降低生产成本。地热温室的使用改善了花卉的质量和产量（Mburu，2012）。该公司每年出口超过4亿枝玫瑰，主要销往美国和欧洲。

1924年，地热能在冰岛首次用于加热温室，温室加热是地热资源最古老和最重要的应用之一。据估计，冰岛温室总面积约为17.5万米²，其中55%用于种植蔬菜，45%用于种植鲜花。大多数地热温室位于冰岛南部，使用玻璃棚顶（Ragnarsson，2008）。温室种植的主要农作物包括番茄、胡萝卜、黄瓜和红辣椒等蔬菜（图20和图21），以及供国内市场使用的盆栽和鲜花。

图20 温室番茄栽培（冰岛）　　　　图21 温室黄瓜栽培（冰岛）

鱼类养殖、螺旋藻培育

根据Lund、Freeston和Boyd（2011）的报告，目前有22个国家在利用地热资源开展养鱼业，其中美国、中国、冰岛、意大利和以色列较为成熟。利用地热资源养殖最常见的鱼类是罗非鱼、鲑鱼和鳟鱼，其他品种还包括热带鱼、龙虾、小虾、对虾，甚至短吻鳄。2010年，养鱼总能耗为11 521太焦耳/年，相当于年产4.76万吨（Lund，Freeston和Boyd，2011）。

在阿尔及利亚，政府正在推广利用地热能，提供的资金补贴高达项目总成本的80%。到目前为止，已建成3个鱼类养殖场——艾因斯科纳（AinSkhouna）、瓦尔格拉（Ouargla）和盖尔达耶（Ghardaia）。赛伊达省的艾因斯科纳罗非鱼养殖场有33个池塘，覆盖总面积达4.95万米^2。地热钻孔以60升/秒的速度向池塘供给30℃的水。2008年，该农场出产罗非鱼200吨，产量预计在未来几年将增加至500吨。在瓦尔格拉，钻孔以44升/秒的速度供给21℃的水；在盖尔达耶，钻孔以150升/秒的速度供给28℃的水。这两个地方每年的罗非鱼产量约1 500吨（Fekraoui，2010）。

1979年，以色列开始使用地热水养鱼。当时在南部的沙漠和干旱地区发现了大约40℃的地热水资源。在集约化水产养殖中使用地热水可使全年鱼类生长最大化。养殖的主要品种包括鲤鱼和罗非鱼，其次是鲢鱼、草鱼、鲻鱼、北非鲶鱼和金头鲷（Hulata和Simon，2011）。鲤鱼和罗非鱼占以色列内陆水产养殖的75%左右。Shapiro报告称，2009年以色列拥有45个养鱼场，总面积为2 693公顷，总产量为18 442吨 [Shapiro（2011）引自Hulata和Simon（2011）]。

在希腊，利用地热能的螺旋藻培育项目始于20世纪90年代后期的尼格里塔（Nigrita），利用51℃、10千克/秒的地热水将池塘水加热至33～36℃。地热二氧化碳也用于螺旋藻的培养，以增加产量并降低生产成本。螺旋藻的培育季节从4月到11月。该项目使用8个混凝土制成的浅沟槽池塘，用明轮搅拌培养用水。每个水道池塘面积约为225米^2，可容纳约40米^{3}的水（图22）。池塘温室采用聚乙烯棚顶。2008年，该项目共生产了4 500千克干螺旋藻（Andritsos，Fytikas和Kolios，2009）。

图22 地热能供热的螺旋藻培养池（希腊，尼格里塔）

第3章 地热能在实践中的应用

3.1 温室

过去的25年中，地热能在农业上最普遍的应用是温室加热。在许多欧洲国家，地热常年用于蔬菜、水果和花卉的商业生产。使用地热能加热温室有如下好处（Popovski和Vasilevska，2003）：

- 地热能的成本通常低于其他可用能源；
- 地热供暖系统安装和维护相对简单；
- 温室在农业低焓能源消费总量中所占比例很大；
- 温室生产区通常靠近低焓地热储集场；
- 通过利用当地可用能源来提高粮食生产效率。

一般设计标准

温室可以通过多种方式加热（Lund，1996）：①使用跨温室的穿孔塑料管流通空气并均匀分配热量，这些空气在翅片式加热器中经热水持续加热；②在地板上或地板下的通道或管道中循环热水；③通过沿墙壁和工作台下方的翅片式装置循环散热；④使用热水加热温室表面；⑤这些方法的任意组合。

建筑材料

温室建在钢质或铝质框架上，由玻璃、塑料薄膜、玻璃纤维和/或其他硬塑料覆盖。常见的温室形状如图23所示。

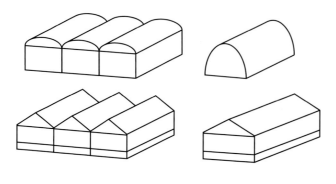

图23 常见温室形状

来源：M.K. Ingvarsson, 2013。

玻璃是最贵的覆盖材料，也是最重的，因而需要更坚固的框架，通常用于尖屋顶（Lund，1996）。玻璃温室的加热成本高于其他温室，因为冷空气通过建筑物接缝渗入，单层玻璃保温效果较差。然而，尽管玻璃温室的能源利用效率最低，但它们的透光性最好（Rafferty，1996；von Zabeltitz，1986）。

现在，许多温室用塑料膜做棚顶，搭成拱形或三角形。最近，也有温室使用双层塑料膜，但是需要用小吹风机保证足够的空气压力以使两层膜之间保持一定的距离。这一保温措施减少的热量损失高达30%～40%，提高了温室的整体效率（Rafferty，1996；Dickson 和 Fanelli，2004）。

玻璃纤维温室与玻璃温室类似，但较轻。与玻璃温室相比，玻璃纤维温室的建设成本更低，热量损失与玻璃温室大致相同（Lund，1996）。

供热系统

温室使用各种地热供热系统，如翅片管、风机盘管装置、土壤加温器、塑料管、级联、裸管、单体式加热器或以上装置的组合（Lund，1996）。地热温室有两种主要加热方式：通过自然空气流动和通过强制空气流动。

根据温室的温度要求，用于加热温室的水温范围为40～100℃（Popovski 和 Vasilevska，2003）。带有铝制或钢制翅片的铜管或钢管放置在植物间的土壤上或者土壤里，也可放置在工作台上或悬挂在屋顶上（Panagiotou，1996），热水流经管道进行加热。空气则被吹入一个卧式或立式的热水加热器（图24和图25），该装置包括一个翅片盘管和一个小型螺旋桨式风扇。吹入的空气由管道系

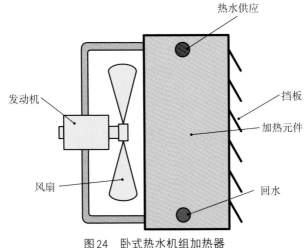

图24 卧式热水机组加热器

来源：S. Arason，2013。

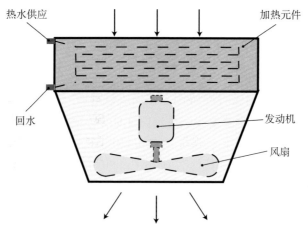

图25 立式热水机组加热器

来源: M.K. Ingvarsson, 2013。

统内部的热水加热, 并排放到穿孔的分配管中或直接排入温室 (Lund, 1996)。

为加热土壤, 管道通常埋在温室的地板中以形成一个巨大的散热器 (Rafferty, 1996)。管道内循环水的热量被转移到温室的土壤和空气中。目前采用两种加热管系统进行温室土壤加热: ①双蛇形管系统; ②单蛇形管系统 (图26)。

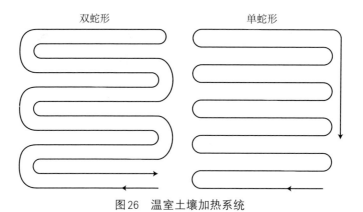

图26 温室土壤加热系统

来源: Geo-Heat Center, Klamath Falls, Oregon (USA)。经许可后改编。

3.2 海水/咸水温室

一项新开发的方法将温室加热与海水/咸水脱盐结合起来利用地热能。在具备海水或咸水供应的温凉干旱地区, 这项创新对农业具有独特潜力 (Mahmoudi等, 2009, 2010)。目前, 有两个地热能海水淡化厂, 一个在法国，另一个在突尼斯南部（Bourounoun，Chaibi和Tadrist，2001）。在这样的环境中使用地热能的优点是：①地热能源的供应一般比风能和太阳能等其他可再生资源更加稳定和易得（Sablani等，2003）；②地热资源可用于温室加热，同时提供淡水来灌溉温室作物（Goosen，Mahmoudi和Ghaffour，2010）。Mahmoudi等（2010）讨论了海水/咸水的温室淡化。地热能用于加热海水或咸水，所产生的热蒸汽用于温室加热。环境中的空气在进入温室前，经过第一个蒸发器被加热加湿从而加热温室，然后通过第二个蒸发器被进一步加湿到接近饱和点，饱和的空气经过冷凝器转化成水，储存在灌溉水箱中。

3.3 土壤加温

土壤加温可延长生长季并保持恒定的土壤温度以增加产量。土壤加温主要用于栽培胡萝卜和卷心菜，葱正常生长也需要土壤加温（Kumoro和Kristanto，2003）。

地热水通过由波纹状聚丙烯管形成的栅格（图27）给土壤加温。栅格间隔1～2米，距土壤表层65～85厘米（Johannesdottir，Graber和Gudmundsson，1986）。聚丙烯管道系统的入口水温约为60℃，用过的水温为25℃（Andritsos，Fytikas和Kolios，2009）。通过控制入口水流量来保持20～30℃的土壤温

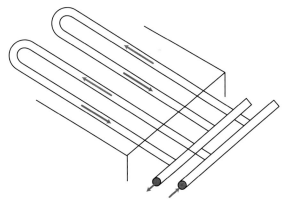

图27 温室土壤加热系统的加热管分布

来源：P.G. Pálsson，2013。

度。温室中的废水有时也用来给土壤加温，但这种做法并不常见（Kumoro和Kristanto，2003）。

影响管道上方土壤剖面温度分配的因素有：空气温度、入口和出口水温、土壤表面传热系数、土壤有效导热率及管道深度和间距。

3.4 水产养殖

地热水用于加热换热器中的淡水或与淡水混合来提供适宜养鱼的温度。水产养殖池和水道加热是地热能最常见的应用之一，这样可以在较冷的气候下进行水产养殖，也可以在那些其他加热资源不太经济的地方发挥作用（Boyd

和Lund，2003）。在养鱼业中使用地热能，可以保护鱼类免受寒冷天气影响从而增加产量（Gelegenis，Dalabakis和Ilias，2006）。地热能加热主要用于鱼类孵化阶段（Ragnarsson，2003），主要种类有鲤鱼、鲇鱼、罗非鱼、青蛙、鲻鱼、鳗鱼、鲑鱼、鲟鱼、龙虾、小龙虾、螃蟹、牡蛎、蛤蜊、扇贝、短吻鳄、贻贝和鲍鱼（Boyd和Lund，2003）。不同种类的鱼在地热能加热的水中繁殖可降低成本，保证全年获利。在法国、希腊、匈牙利、冰岛、新西兰和美国，应用地热能进行鱼类养殖得到迅速发展。在冰岛，地热能被用于养殖红点鲑、大菱鲆、罗非鱼和大西洋比目鱼等物种。图28显示了地热能在鱼类养殖中的应用。地热发电厂的热废水将冷水在换热器中加热，或者冷水与温泉水混合，当达到合适的温度，一般为20～30℃，水就被抽到鱼塘。池塘的大小取决于地热源的温度、鱼类所需的温度及运行过程中产生的热量损失（Dickson和Fanelli，2004）。

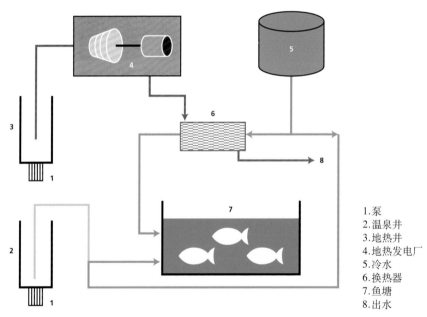

图28 地热能鱼类养殖

来源：M.V. Nguyen，2013。

1.泵
2.温泉井
3.地热井
4.地热发电厂
5.冷水
6.换热器
7.鱼塘
8.出水

3.5 藻类养殖

螺旋藻和其他藻类在世界许多国家作为保健食品和医疗药品出售。螺旋藻是一种在高温、强碱性、强日照条件下生长旺盛的光合蓝藻（蓝绿藻）（粮农组织，2008）。条件好的时候，产量不变且质量很高。螺旋藻通常在浅水池中明轮搅拌培养，最佳温度为35～37℃（Andritsos，Fytikas和Kolios，2009）。

3.6　食品干燥

许多食品和农业产业利用热干燥处理来保存食物，保存的品种越来越多（Senadeera等，2005）。在工业化国家，干燥过程占工业总能耗的7%～15%，但其热效率仍然相对较低，为25%～50%。在一些高度工业化的国家，干燥过程占总能耗的1/3以上（Chou和Chua，2001）。因此，有必要通过使用高效的能源来降低农业干燥的能耗，而中、低焓的地热资源是最好的选择（Ogola，2013）。地热井的热水，或蒸汽的热量，或地热厂回收的废热都可以用于干燥过程（Vasquez，Bernardo和Cornelio，1992）。

使用地热能的干燥系统中最重要的设备之一是地热换热器。该装置的钢管或铜管配备铜或铝制翅片来增加传热面积（图29）。地下热水或蒸汽在管道内循环，空气通过螺旋桨式风扇吹入换热器，在被地热水或蒸汽加热后吹入干燥箱进行干燥程序。

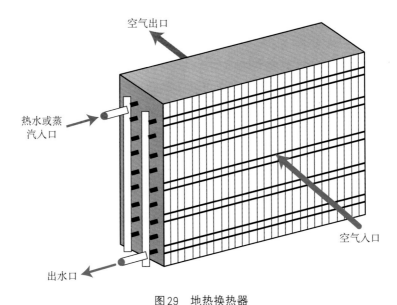

空气出口

热水或蒸汽入口

空气入口

出水口

图29　地热换热器

来源：M.V. Nguyen和S. Arason，2013。

3.7　牛奶巴氏杀菌

牛奶是一种营养丰富的食物，也是牧区饮食的重要组成部分。采集后的牛奶质量迅速变差，主要是由于酶活性和微生物的生长，在常温下不卫生的生产和储存条件下尤为如此。为了防止酶活性和微生物生长，牛奶加工需使用高温处理，如巴氏杀菌或超高温快速灭菌（UHT）处理（Perko，2011；Torkar和Golc Teger，2008）。

地热水可用于牛奶巴氏杀菌和干燥过程，同时地热蒸汽可用于牛奶蒸发和超高温快速灭菌处理。牛奶巴氏杀菌流程如图30所示。3℃的新鲜冷牛奶在板式换热器A中被通过均质器中的热牛奶预热至71℃。加热后的牛奶通过地热板式换热器B进行巴氏杀菌，在那里加热到至少78℃并持续15秒。巴氏杀菌后，热牛奶通过均质器，然后再到板式换热器A冷却到12℃。在包装和储存之前，它最终由板式换热器C中的冷水冷却至3℃。入口的地热水温度约为87℃，出口温度为77℃（Lund，1997）。

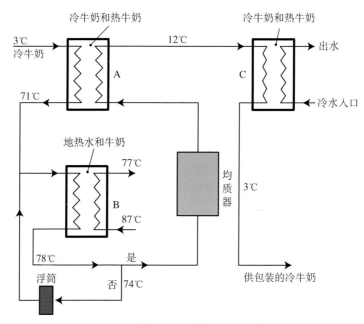

图30　用地热水进行牛奶巴氏杀菌

来源：Geo-Heat Center, Klamath Falls, Oregon (USA)。经许可后改编。

如图31所示，热水和牛奶流过板式换热器，在板的两侧以相反的方向移动。水流量和循环量通过放置垫板来控制，安装垫板可防止牛奶和热水混合。

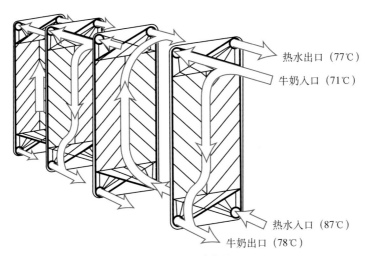

图31 板式液体换热器

来源：Geo-Heat Center, Klamath Falls, Oregon（USA）。经许可后改编。

3.8 预热和加热处理

地热能可有效用于食品加工业中的预热和加热过程，介于90～150℃的地热蒸汽和地热水都是常用地热能。加热罐有两种类型：①在罐壁之间安有螺旋管的双壁加热罐（图32）；②内置螺旋管或Z形管的加热罐（图33）。

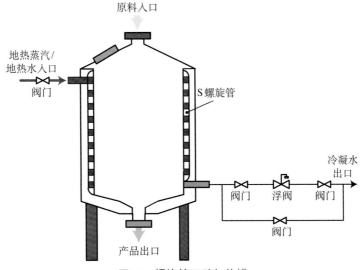

图32 螺旋管双壁加热罐

来源：M.V. Nguyen, 2013。

在双壁加热罐中，地热蒸汽或地热水通过装在内壁和外壁之间的螺旋管循环，地热蒸汽或地热水的热量通过内壁传递给罐内的食物，出水通过浮阀排出（图32）。

在内置螺旋管或Z形管的加热罐中，地热蒸汽或地热水在管内循环，热量通过管道传递到周围的食物，出水通过浮阀排出（图33）。

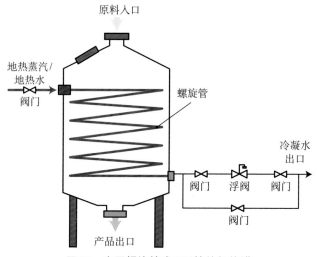

图33 内置螺旋管或Z形管的加热罐

来源：M.V. Nguyen, 2013。

3.9 蒸发和蒸馏工艺

许多食品加工业通过蒸发和蒸馏工艺进行食品浓缩，如糖加工、薄荷蒸馏和酒类加工等（Lund，1996）。蒸发可分批操作或连续进行。蒸发和蒸馏所需的温度取决于所处理的产品，常见的操作温度范围为 $80 \sim 120 ℃$。

地热蒸汽和地热水是用于蒸发和蒸馏的潜在能源。典型长管式蒸发器由立式管式换热器和分离室组成（图34）。地热能进入换热器，将热量释放到稀释液体（原液）中。地热蒸汽在管外循环，原液进入管内开始沸腾并由汽化引起膨胀形成蒸汽泡，蒸汽泡带动液体继续向上移动，然后通过冲击挡板将液体蒸汽混合物在分离室中分离。浓缩液可直接提取，或与稀释液混合再循环，或进入另一台蒸发器（Ibarz 和 Barbosa-Cánovas，2003）。

可将两个或三个蒸发器连在一起使用以提高热效率（图35）。地热蒸汽供应给第一个蒸发器，来自第一个蒸发器的蒸汽用于第二个蒸发器，第二个蒸发器的蒸汽再用于第三个蒸发器，最后一个蒸发器的蒸汽被排放到空气中或用于其他目的。液体通过第一个蒸发器流入系统，浓缩液（产品）在最后一个蒸发器收集。

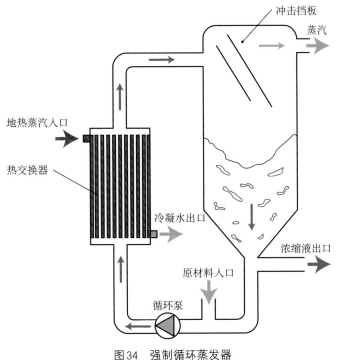

图34　强制循环蒸发器

来源：S. Arason, 2013。

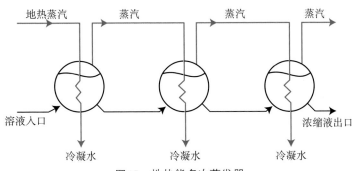

图35　地热能多次蒸发器

来源：M.V. Nguyen, 2013。

3.10　去皮和热烫加工

去皮和热烫是许多食品加工业的重要预加工步骤，如水果和蔬菜加工。在去皮过程中，将食物放入热水中，表面或外层软化，再被机械擦洗或洗掉。去皮设备通常是流线型，其中地热蒸汽或地热水直接用于喷射果蔬，或间接用于果蔬热烫过程的加热（Lund，1996）。

在进行一些加工操作（如罐装、冷冻或脱水）之前，蔬菜或水果通常经过热烫，以抑制酶的活性和微生物生长，去除植物组织中的气体，收缩和软化组织，并保持食物的某些天然特性。在热烫时，将食物迅速加热至预定温度，在该温度下保持一段时间，然后快速冷却或立即传送至下一个加工阶段。由于热烫液性能通常需要严格控制，所以地热液体通过换热器提供所需能量。常见的去皮和热烫过程温度范围是77～104℃（Lund，1996）。

3.11 灭菌处理

灭菌处理广泛应用于肉类和鱼类等罐装食品行业，是阻止细菌特别是肉毒杆菌（Clostridium botulinum）生长的重要程序。杀灭肉毒杆菌的建议温度为121℃，时长3分钟，因此食品消毒过程的参考温度为121℃。地热蒸汽通常用于食品消毒，温度为105～120℃的地热蒸汽或地热水则可用于食品加工设备、罐头和装瓶设备的消毒（Lund，1996）。

3.12 地热水灌溉

温度为40～75℃的地热水可用于田间和温室的冬季作物加热，也可以直接用于灌溉。地热水通过地面灌溉管道系统和/或埋在土壤下的管道加热装置来供应。灌溉中使用地热水时，必须仔细监测其化学成分和盐度，以防止对植物造成损害（Dickson和Fanelli，2004）。例如，在突尼斯使用地热水来加热和灌溉温室被证明是一种有前景且经济可行的选择。加热温室后，地热水被收集在大型水泥池塘中冷却和储存起来，通常用于灌溉附近的田地。小型简易池塘（塑料内衬）为个体农户提供了一种实用又便宜的可选方案（Mohamed，2005）。

第4章 公共部门的作用

公共部门在地热能开发中的作用是颁布必要的政策和立法，并提供财政激励措施来吸引投资者。政府分配地热资源并协调捐助者供资和双边借款。政府其他方面的作用包括协调地热资源的勘探，并促进对地热能潜在用途的研究。政府还可以向投资者提供有保证的优惠资金，以增加对地热能开发的投资。

在一些国家，区域机构可能主要负责该区域的自然资源和物质资源的综合管理及食品保护和生物安全的监管。

公共部门支持开发和使用地热资源的其他方式包括（清洁能源理事会，2011）：

■ 为试点项目提供贷款担保，使不成功的项目不必全额偿还贷款；
■ 进行投资可行性研究，鼓励私营保险公司加入承担发展地热资源的风险，同时鼓励商业银行在地热项目开发的早期阶段进行投资；
■ 推进结构化软贷款计划，力求为开发者提供贯穿整个项目的支持。

肯尼亚是利用地热能发电和直接利用地热能最成功的国家之一。肯尼亚政府批准了一系列议会法案，致力于以可持续的方式管理和指导利用地热资源（表5）。此类立法在确保地热资源的可持续发展方面发挥着重要作用（Mwangi-Gachau，2009）。

除了国家立法外，肯尼亚政府还签署了重要的国际条约和公约，如《联合国气候变化框架公约》、《生物多样性公约》和《国际湿地公约》（拉姆萨尔公约）。这些举措对该国的地热发展有着积极的意义（Mwangi-Gachau，2009）。

肯尼亚政府已邀请私人投资者参与开发地热资源，并通过支持公私伙伴关系、上网电价（一种新能源补贴政策）和贷款支持等政策，促进可再生能源研发的投资。有法律政策支持的主要激励措施使地热开发对私营部门更具吸引力。为鼓励外国投资者，肯尼亚政府允许肯尼亚人和非肯尼亚人持有外币和外币银行账户，不限制投资收入汇回本国，并为外国投资者提供税收优惠及其他有利的税收政策（Ngugi，2012）。肯尼亚的经验表明，与地热开发的其他阶段相比，多边、双边、私营和其他实体不愿意为资源勘探和评估提供资金。因此，政府投资在开发和准备地热项目中起着至关重要的作用。如果这些举措取得成功，其他实体将为后续阶段提供资金（Ngugi，2012）。肯尼亚地热开发公司作为政府机构成立，使肯尼亚获得了国际金融机构和其他金融机构的支持及合作。利益相关方在项目早期参与有利于获得地热开发所在地社区的支持。

表5　肯尼亚政府批准的地热开发法律

立　法	监管领域
地热资源法（1982年第12号）	地热资源勘探许可证
1990年地热资源法规	（参照地热资源法案）
电力法（1997年第11号）	
1999年环境管理与协调法案	对新项目进行环境影响审计，对现有项目进行年度审计
工厂法（CaP514）	工厂工作人员的安全和保护
水法（CaP372）	取水监管
1921年公共卫生法案（CaP242），1986年修订	公共场所卫生
野生动植物保护和管理法（CaP376）	保护野生动植物资源
森林法（CaP385）	与政府就公共森林研究和开发进行磋商
渔业法（CaP378）	排水许可证
河流湖泊法（1983年修订）	保护集水区，在湖泊和河流周围开展活动的许可申请
有毒物质的使用法	安全阈值
农业法（CaP372）	可持续发展
2005年能源法	能源审计

来源：Mwangi-Gachau，2009。

第5章　制约因素和挑战

在发展中国家的农业和食品加工业中使用地热能的主要制约和挑战是：①政策和监管壁垒；②技术障碍；③资金障碍。

5.1　政策和监管壁垒

政府的政策和立法是为地热投资和协调资源创造有利环境、鼓励国内外私营部门投资的重要因素。然而，很少有政府已出台明确的政策促进地热能的使用，而且在发展中国家，地热能研发的预算分配往往很低。

大多数发展中国家缺乏对地热勘探和利用进行必要投资的财政资源。立法框架不足以吸引私人或外方对地热项目的投资。政府资助早期阶段（即勘探和评估）对启动地热项目发挥着非常重要的作用，这需要合适的政策环境，但大多数情况下这种环境都是缺乏的。

一个成功的地热系统需要合适的制度框架，以及利益相关方之间的协调和协商。大多数发展中国家缺乏这些条件，这阻碍了协同作用和互补发展。

5.2　技术障碍

专业技术对开发地热系统至关重要，需要大量的政策分析人员、经济管理人员、工程师和其他专业人员，大多数发展中国家的合格人员仍然短缺。

支持地热系统的基础设施通常缺乏或不足，包括交通系统和通信网络。

5.3　资金障碍

地热能技术高昂的前期成本，是资源受限经济体对地热能投资的主要障碍之一。正如政策和监管壁垒一节所述，大多数发展中国家缺乏资金来开发地热系统。某些地热能部署阶段的资金短缺阻碍了投资者迈出关键的第一步，如能源资源评估或地热能源项目的可行性研究。此外，公共资金供应有限通常会导致不同部门之间财务资源的竞争，这可能会限制地热能源部门资金的可用性和分配。

融资在地热项目中发挥着重要作用。地热能项目融资常常面临的挑战是开发模式——既要保证技术和服务的价格让消费者可承受，又要确保行业的盈利可持续。

金融机构设定的条件往往和潜在投资者的期许不匹配，甚至可能成为吸引潜在投资者的障碍。

第6章 结 论

报告显示，地热能具备为农业和食品业提供长期、安全的基本能源需求的潜力。地热能已经在许多国家的相关行业中得到应用，但地热利用的发展速度一直很慢。阻碍农业和食品业使用地热能的主要制约因素和挑战是政策和监管、技术及资金障碍。发展中国家有必要考虑到这些限制和挑战。一旦约束条件得到解决，地热能使用将会适度增加。地热能具有促进一系列增值农产品发展的技术和经济潜力（Andritsos，Fytkikas 和 Kolios，2009）。

参 考 文 献

Abdullah, K. & Gunadnya, I.B.P. 2010. Use of geothermal energy for drying and cooling purposes. In *Proceedings of the 2010 World Geothermal Congress*, 25–29 April 2010, Bali, Indonesia.

Andritsos, N., Dalampakis, P. & Kolios, N. 2003. Use of geothermal energy for tomato drying. *Geo-Heat Center Quarterly Bulletin*, 24: 9–13.

Andritsos, N., Fytikas, M. & Kolios, N. 2009. Greek experience with geothermal energy use in agriculture and food processing industry. In *Proceedings of the International Geothermal Days Slovakia 2009 – Conference and Summer School*, 26–29 May 2009, Častá-Papiernička, Slovakia, Session III.3.

Arason, S. 2003. The drying of fish and utilization of geothermal energy; the Icelandic experience. In *Proceedings of the International Geothermal Conference*, 14–17 September 2003, Reykjavik, pp. 21–31.

Barbier, E. 2002. Geothermal energy technology and current status: an overview. *Renewable and Sustainable Energy Reviews*, 6(1–2): 3–65.

Beall, S.E. & Samuels, G. 1971. *The use of warm water for heating and cooling plant and animal enclosures*. Report No. ORNL-TM-3381. Oak Ridge, Tennessee, USA, Oak Ridge National Laboratory. (56 pp.)

Beate, B. & Salgado, R. 2010. Geothermal country update for Ecuador, 2005–2010. In *Proceedings of the 2010 World Geothermal Congress*, April 25–29 2010, Bali, Indonesia, Paper No. 0160.

Bjornsson, S., ed. 2006. *Geothermal development and research in Iceland*. Reykjavik, National Energy Authority and Ministries of Industry and Commerce.

Bourouni, K., Chaibi, M.T. & Tadrist, L. 2001. Water desalination by humidification and dehumidification of air: state of the art. *Desalination*, 137(1–3): 167–176.

Boyd, T.L. & Lund, J.W. 2003. Geothermal heating of greenhouses and aquaculture facilities. In *Proceedings of the International Geothermal Conference*, 14–17 September 2003, Reykjavik, pp. 14–19.

British Geological Survey. no date. Geothermal energy – what is it? Available at: http://www.bgs.ac.uk/research/energy/geothermal/ (accessed 1 May 2014).

Burgess, W.G. 1989. Geothermal energy. *Geology Today*, 5(3): 88–92.

Chandrasekharam, D. & Chandrasekhar, V. 2010. Geothermal energy resources, India: country update. In *Proceedings of the 2010 World Geothermal Congress*, 25–29 April 2010, Bali, Indonesia, Paper No. 0105.

Chou, S.K. & Chua, K.J. 2001. New hybrid drying technologies for heat sensitive foodstuffs. *Trends in Food Science and Technology*, 12(1): 359–369.

Clean Energy Council. 2011. *Why support geothermal energy?* Position Paper. Melbourne, Australia.

Conserve Energy Future. no date. History of geothermal energy. Available at: http://www. conserve-energy-future.com/GeothermalEnergyHistory.php (accessed 17 April 2014).

Cuong, N.T., Giang, C.D. & Thang, T.T. 2005. General evaluation of the geothermal potential in Vietnam and the prospect of development in the future. In *Proceedings of the 2005 World Geothermal Congress*, 24–29 April 2005, Antalya, Turkey, Paper No. 0101.

Dickson, M.H. & Fanelli, M. 2004. *What is geothermal energy?* International Geothermal Association. Available at: http://www.geothermal-energy.org/geothermal_energy/what_is_ geothermal_energy.html (accessed 16 April 2014).

Duffield, W.A. & Sass, J.H. 2003. *Geothermal energy – clean power from the earth's heat.* United States Geological Survey Circular No. 1249. Washington, DC, United States Department of the Interior. (36 pp.)

FAO. 2008. *A review on culture, production and use of spirulina as food for humans and feeds for domestic animals and fish.* FAO Fisheries and Aquaculture Circular No. 1034. Rome.

FAO. 2009. *Food security and agricultural mitigation in developing countries: options for capturing synergies.* Rome.

FAO. 2011. *"Energy-smart" food for people and climate.* Issue Paper. Rome.

Fatona, P. 2011. Renewable energy use and energy efficiency – a critical tool for sustainable development. *In* M. Nayeripour and M. Kheshti, eds. *Sustainable growth and applications in renewable energy sources*, pp. 49–60. Rijeka, Croatia, InTech.

Fekraoui, A. 2010. Geothermal activities in Algeria. In *Proceedings of the 2010 World Geothermal Congress*, 25–29 April 2010, Bali, Indonesia, Paper No. 0117.

Fridleifsson, I.B. 2001. Geothermal energy for the benefit of the people. *Renewable and Sustainable Energy Reviews*, 5(2): 299–312.

Fridleifsson, I.B. 2013. Geothermal – Prospective energy source for developing countries. *Technika Poszukiwań Geologicznych Geotermia, Zrównowazony Rozwój*, 1: 143–158.

Fridleifsson, I.B., Bertani, R., Huenges, E., Lund, J.W., Ragnarsson, A. & Rybach, L. 2008. The possible role and contribution of geothermal energy to the mitigation of climate change. In *IPCC Scoping Meeting on Renewable Energy Sources Proceedings*, 20–25 January 2008, Lübeck, Germany, pp. 59–80.

Gelegenis, J., Dalabakis, P. & Ilias, A. 2006. Heating of wintering ponds by means of low enthalpy geothermal energy. The case of Porto Lagos. *Geothermics*, 35: 87–103.

Ghomshei, M.M. 2010. Canadian geothermal power prospects. In *Proceedings of the 2010 World*

Geothermal Congress, 25–29 April 2010, Bali, Indonesia.

Goosen, M., Mahmoudi, H. & Ghaffour, N. 2010. Water desalination using geothermal energy. *Energies*, 3(8): 1423–1442.

Gunerhan, G.G., Kocar, G. & Hepbasli, A. 2001. Geothermal energy utilization in Turkey. *International Journal of Energy Research*, 25(9): 769–784.

Herrera, R., Montalva, F. & Herrera, A. 2010. El Salvador country update. In *Proceedings of the 2010 World Geothermal Congress*, 25–29 April 2010, Bali, Indonesia, Paper No. 0141.

Hirunlabh, J., Thiebrat, S. & Khedari, J. 2004. Chilli and garlic drying by using waste heat recovery from a geothermal power plant. *Geo-Heat Center Quarterly Bulletin*, 25: 25–27.

Hodges, R.J., Buzby, J.C. & Bennett, B. 2011. Postharvest losses and waste in developed and less developed countries: opportunities to improve resource use. *Journal of Agricultural Science*, 149(S1): 37–45.

Hulata, G. & Simon, Y. 2011. An overview on desert aquaculture in Israel. *In* FAO. *Aquaculture in desert and arid lands: development constraints and opportunities,* V. Crespi and A. Lovatelli, eds, pp. 85–112. FAO Fisheries and Aquaculture Proceedings No. 20. Rome.

Huttrer, G.W. 2010. Country update for eastern Caribbean island nations. In *Proceedings of the 2010 World Geothermal Congress*, 25–29 April 2010, Bali, Indonesia, Paper No. 0113.

Ibarz, A. & Barbosa-Canovas, G.V. 2003. *Unit operations in food engineering,* pp. 652–653. Boca Raton, Florida, USA, CRC Press.

Íslandsbanki. 2011. *U.S. geothermal industry overview*. Reykjavik, Íslandsbanki Geothermal Research.

Johannesdottir, B., Graber, J.A. & Gudmundsson, J.S. 1986. *Samantekt um jarðvegshitaða garða* [Compilation of soil heating for vegetable production]. OS-86058/JHD-21 B. Reykjavik, Orkustofnun. (17 pp.)

Keyan, Z. 2008. Geothermal resources and use for heating in China. Presented at the Workshop for Decision Makers on Direct Heating Use of Geothermal Resources in Asia, organized by the United Nations University Geothermal Training Programme (UNU-GTP), TBLRREM and TBGMED, 11–18 May 2008, Tianjin, China.

Kumoro, A.C. & Kristanto, D. 2003. Preliminary study on the utilization of geothermal energy for drying of agricultural product. In *Proceedings of the International Geothermal Conference*, 14–17 September 2003, Reykjavik, Session 14.

Lahsen, A., Muños, N. & Parada, M.A. 2010. Geothermal development in Chile. In *Proceedings of the 2010 World Geothermal Congress*, 25–29 April 2010, Bali, Indonesia, Paper No. 0118.

Levitte, D. & Greitzer, Y. 2005. Geothermal update report from Israel 2005. In *Proceedings of the 2005 World Geothermal Congress*, 24–29 April 2005, Antalya, Turkey, Paper No. 0125.

Lienau, P.J. 1991. Industrial applications. *In* P.J. Lienau and B.C. Lunis, eds. *Geothermal direct use engineering and design guidebook,* pp. 325–348. Klamath Falls, Oregon, USA, Geo-Heat Center, Oregon Institute of Technology.

Lund, J.W. 1996. *Lectures on direct utilization of geothermal energy*. Reports 1996 No. 1.

Reykjavik, United Nations University Geothermal Training Programme.

Lund, J.W. 1997. Milk pasteurization with geothermal energy. *Geo-Heat Center Quarterly Bulletin*, 18(3): 13–15.

Lund, J.W. 2006. Direct heat utilization of geothermal resources worldwide 2005. *ASEG Extended Abstracts*, 1: 1–15.

Lund, J.W. 2010. Direct utilization of geothermal energy. *Energies*, 3: 1443–1471.

Lund, J.W., Freeston, D.H. & Boyd, T.L. 2005. Direct application of geothermal energy: 2005 worldwide review. *Geothermics*, 34(6): 691–727.

Lund, J.W., Freeston, D.H. & Boyd, T.L. 2010. Direct utilization of geothermal energy 2010 worldwide review. In *Proceedings of the 2010 World Geothermal Congress*, 25–29 April 2010, Bali, Indonesia.

Lund, J.W., Freeston, D.H. & Boyd, T.L. 2011. Direct utilization of geothermal energy 2010 worldwide review. *Geothermics*, 40(13): 159–180.

Lund, J.W. & Rangel, M.A. 1995. Pilot fruit drier for the Los Azufres geothermal field, Mexico. In *Proceeding of the World Geothermal Congress*, 18–31 May 1995, Florence, Italy, Vol. 3, pp. 2335–2338.

Mahmoudi, H., Spahis, N., Goosen, M.F., Sablani, S., Abdul-wahab, S.A., Ghaffour, N. & Drouiche, N. 2009. Assessment of wind energy to power solar brackish water greenhouse desalination units: a case study from Algeria. *Renewable and Sustainable Energy Reviews*, 13(8): 2149–2155.

Mahmoudi, H., Spahis, N., Goosen, M.F., Ghaffour, N., Drouiche, N. & Ouagued, A. 2010. Application of geothermal energy for heating and fresh water production in a brackish water greenhouse desalination unit: a case study from Algeria. *Renewable and Sustainable Energy Reviews*, 14(1): 512–517.

Mangi, P. 2012. Geothermal resource optimization: a case of the geothermal health spa and demonstration centre at the Olkaria geothermal project. Presented at Short Course VII on Exploration for Geothermal Resources, organized by UNU-GTP, GDC and KenGen, October 27–18 November 2012, Lake Naivasha, Kenya. (10 pp.)

Mburu, M. 2009. Geothermal energy utilization. Presented at Short Course IV on Exploration for Geothermal Resources, organized by UNU-GTP, GDC and KenGen, 27 October–18 November 2012, Lake Naivasha, Kenya. (22 pp.)

Mburu, M. 2012. Cascaded use of geothermal energy: Eburru case study. *Geo-Heat Center Quarterly Bulletin*, 30(4): 21–26.

Mertoglu, O., Simsek, S., Dagistan, H., Bakir, N. & Dogdu, N. 2010. Geothermal country update report of Turkey (2005–2010). In *Proceedings of the 2010 World Geothermal Congress*, 25–29 April 2010, Bali, Indonesia, Paper No. 0119.

Mohamed, M.B. 2005. Low enthalpy geothermal resources application in the Kebbili region, Southern Tunisia. In *Proceedings of the 2005 World Geothermal Congress*, 24–29 April 2005, Antalya, Turkey.

Muffler, P. & Cataldi, R. 1978. Method for regional assessment of geothermal resources. *Geothermics*, 7(2–4): 53–89.

Mwangi-Gachau, E. 2009. Legal requirements for geothermal developments in Kenya. Presented at Short Course IV on Exploration for Geothermal Resources, organized by UNU-GTP, GDC and KenGen, 1–22 November 2009, Lake Naivasha, Kenya.

National Academy of Sciences. 1978. *Postharvest food losses in developing countries.* Washington, DC, National Research Council, Board of Science and Technology for International Development. (206 pp.)

Ngugi, P.K. 2012. Financing the Kenya geothermal vision. Presented at Short Course on Geothermal Development and Geothermal Wells, organized by UNU-GTP and LaGeo, 11–17 March 2012, Santa Tecla, El Salvador. (11 pp.)

NREL. 1998. *Geothermal technologies today and tomorrow: direct use of geothermal energy.* Factsheet No. DOE/GO-10098-536. Washington, DC, National Renewable Energy Laboratory, United States Department of Energy. (2 pp.)

Ogena, M.S., Maria, R.B.S., Stark, M.A., Oca, R.A.V., Reyes, A.N., Fronda, A.D. & Bayon, F.E.B. 2010. Philippines: country update: 2005–2010 geothermal energy development. In *Proceedings of the 2010 World Geothermal Congress*, 25–29 April 2010, Bali, Indonesia, Paper No. 0149.

Ogola, P.F.A. 2013. *The power to change: creating lifeline and mitigation-adaptation opportunities through geothermal energy utilization.* Reykjavik, University of Iceland, Faculty of Life and Environmental Sciences, School of Engineering and Natural Sciences. (Ph. D. dissertation)

Ogola, P.F.A., Davidsdottir, B. & Fridleifsson, I.B. 2012. Potential contribution of geothermal energy to climate change adaption: a case study of the arid and semi-arid eastern Baringo lowlands, Kenya. *Renewable and Sustainable Energy Reviews*, 16(6): 4222–4246.

Panagiotou, C. 1996. *Geothermal greenhouse design.* Reports 1996 No. 11. Reykjavik, United Nations University Geothermal Training Programme. (32 pp.)

Perko, B. 2011. Effect of prolonged storage on microbiological quality of raw milk. *Mljekarstvo*, 61(2): 114–124.

Popovski, K. 2009. Agricultural and industrial uses of geothermal energy in Europe. In *Proceedings of the International Geothermal Days Slovakia 2009 – Conference and Summer School*, 26–29 May 2009, Častá-Papiernička, Slovakia, Session III.1. (11 pp.)

Popovski, K. & Vasilevska, S.P. 2003. Heating greenhouses with geothermal energy. In *Proceedings of the International Geothermal Workshop*, 6–10 October 2003, Sochi, Russian Federation. Paper No. W00037, 17 pp.

Popovski, K., Dimitrov, K., Andrejevski, B. & Popovska, S. 1992. Geothermal rice drying unit in Kotchany, Macedonia. *Geothermics*, 21(5–6): 709–716.

Rafferty, K.D. 1996. Greenhouses. In *Geothermal direct use engineering and design guidebook*, Chapter 14, pp. 307–326. Klamath Falls, Oregon, USA, Geo-Heat Center.

Ragnarsson, A. 2003. Utilization of geothermal energy in Iceland. In *Proceedings of the International Geothermal Conference*, Reykjavik, 14–17 April 2003, pp. 39–45.

Ragnarsson, A. 2008. Utilization of geothermal energy in Iceland. In *Proceedings of the 14th Building Services, Mechanical and Building Industry Days – International Conference*, 30–31 October 2008, Debrecen, Hungary.

Ranjit, M. 2010. Geothermal energy update of Nepal. In *Proceedings of the 2010 World Geothermal Congress*, 25–29 April 2010, Bali, Indonesia, Paper No. 0146.

Sablani, S., Goosen, M.F., Paton, C., Shayya, W.H. & Al-Hinai, H. 2003. Simulation of fresh water production using a humidification-dehumidification seawater greenhouse. *Desalination*, 159(3): 283–288.

Saffarzedeh, A., Porkhial, S. & Taghaddosi, M. 2010. Geothermal energy developments in Iran. In *Proceedings of the 2010 World Geothermal Congress*, 25–29 April 2010, Bali, Indonesia, Paper No. 0126.

Sekioka, M. 1999. Japanese geothermal waters through history. *In* R. Cataldi, S.F. Hodgson and J.W. Lund, eds. *Stories from a heated earth: our geothermal heritage,* pp. 393–406. Davis, California, USA, Geothermal Resources Council and International Geothermal Association.

Senadeera, W., Bhandari, B.R., Young, G. & Wijesinghe, B. 2005. Modeling dimensional shrinkage of shaped foods in fluidized bed drying. *Journal of Food Processing and Preservation*, 29: 109–119.

Serpen, U., Aksoy, N. & Ongur, T. 2010. 2010 present status of geothermal energy in Turkey. In *Proceedings of the Thirty-Fifth Workshop on Geothermal Reservoir Engineering*, 1–3 February 2010, Stanford University, Stanford, California, USA.

Simiyu, S.M. 2010. Status of geothermal exploration in Kenya and future plans for its development. In *Proceedings of the 2010 World Geothermal Congress*, 25–29 April 2010, Bali, Indonesia, Paper No. 0169.

Solcomhouse. no date. Geothermal energy. Available at: http://solcomhouse.com/geothermal.htm (accessed 17 April 2014).

Song, Y., Kim, H. & Lee, T.J. 2010. Geothermal development in Korea: country update 2005–2009. In *Proceedings of the 2010 World Geothermal Congress*, 25–29 April 2010, Bali, Indonesia, Paper No. 0121.

Tester, J.W., Anderson, B.J., Batchelor, A.S., Blackwell, D.D., DiPippo, R., Drake, E.M., Garnish, J., Livesay, B., Moore, M.C., Nichols, K., Petty, S., Toksoz, M.N. & Veatch, R.W. Jr. 2006. *The future of geothermal energy – impact of enhanced geothermal systems (EGS) on the United States in the 21st century.* An assessment by an MIT-led interdisciplinary panel. Cambridge, Massachusetts, USA, Massachusetts Institute of Technology.

Thiebrat, S. 1997. *Chili and garlic drying by using waste heat recovery from a geothermal power plant.* Bangkok, King Mongkut's Institute of Technology. (Master's thesis).

Torkar, K.G. & Golc Teger, S. 2008. The microbiological quality of raw milk after introducing the two days' milk collection system. *Acta agriculturae Slovenica*, 92(1): 61–74.

Vasquez, N.C., Bernardo, R.O. & Cornelio, R.L. 1992. Industrial uses of geothermal energy a framework for application in a developing country, *Geothermics*, 21(5–6): 733–743.

von Zabeltitz, C. 1986. Greenhouse heating with solar energy. *Energy in Agriculture*, 5(2): 111–120.

World Energy Council. 2002. *Survey of energy resources 2001*. London.

Zheng, K., Han, Z. & Zhang, Z. 2010. Steady industrialized development of geothermal energy in China: country update report 2005–2010. In *Proceedings of the 2010 World Geothermal Congress*, 25–29 April 2010, Bali, Indonesia, Paper No. 0136.